科学のアルバム

カイコ まゆからまゆまで

岸田 功

あかね書房

もくじ

構成●小田英智
イラスト●森上義孝
武市加代
園　五朗
渡辺洋二
林　四郎
装丁●画　工　舎

科学のアルバム

カイコ まゆからまゆまで

岸田　功（きしだ　いさお）

一九四三年、東京都新宿区に生まれる。

少年時代より昆虫《こんちゅう》に興味《きょうみ》をもち、学生時代は学業のかたわら、ガ類《るい》の研究に没頭《ぼっとう》してきた。

高校生のころから昆虫の写真を撮《と》りはじめ、以後《いご》、各種《かくしゅ》図鑑《ずかん》、雑誌《ざっし》などにすぐれた昆虫生態《せいたい》写真を発表している。

東京都立高等学校の化学の教諭《きょうゆ》として、長く実験《じっけん》実習を中心とした授業《じゅぎょう》を意欲的《いよくてき》に行ってきたが、現在《げんざい》は昆虫生態写真の撮影《さつえい》に専念《せんねん》している。

著書《ちょしょ》に「カブトムシ」（あかね書房）、「カマキリの生活」（小峰書店）などがある。

現在、日本自然科学写真協会《きょうかい》（ＳＳＰ）会員。

厚《あつ》いじょうぶなまゆのかべをおしひろげて、いま、まっ白《しろ》なガがうまれてくるところです。カイコガです。

カイコは、じょうぶな絹糸《きぬいと》をとるために、人間《にんげん》が長《なが》いあいだかかってつくりあげた、昆虫《こんちゅう》の家畜《かちく》です。

⬆カイコのまゆ。このまゆから絹《きぬ》糸《いと》をとります。1本《ぽん》の絹《きぬ》糸《いと》の直径《ちょっけい》はとても細《ほそ》く，0.002 ㎜。生《き》糸《いと》は，10数《すう》本《ほん》の絹《きぬ》糸《いと》をよりあわせてつくられます。カイコは，絹《きぬ》糸《いと》をとるだけでなく，実験用動物《じっけんようどうぶつ》としてもたいせつな昆虫《こんちゅう》です。

まゆの断面《だんめん》。まゆの中《なか》では，さなぎが成虫《せいちゅう》になる日《ひ》をまっています。そばにあるぼろくずのようなものは，幼虫《ようちゅう》がさなぎになるときにぬぎすてた皮《かわ》です。

まゆとさなぎ

まっ白《しろ》いカイコのまゆ。まゆのひとつひとつは、すべて一本《ぽん》の糸《いと》からできています。短《みじか》いものでも千《せん》メートル、長《なが》いものでは千《せん》五百《ひゃく》メートルにもなります。

まゆを、そっとふってみましょう。かさこそと音《おと》がします。まゆを机《つくえ》の上《うえ》においてみましょう。ぴくぴくとまゆがうごきだすことがあります。ひからびたようにみえるまゆの中《なか》にも、生命《せいめい》が息《いき》づいているのです。

まゆを注意《ちゅうい》しながら、はさみで切《き》りひらいてみましょう。中《なか》には、茶色《ちゃいろ》いカイコのさなぎがはいっています。さわると、おなかをくるくるうごかします。

●さなぎからぬけでる成虫《せいちゅう》——羽化《うか》

①さなぎのからが、せなかのあたりからわれて、中《なか》から成虫《せいちゅう》のからだがみえはじめました。

②約《やく》二分後《ふんご》、われめがひろがり頭《あたま》と胸《むね》があらわれ、足《あし》をからからひきぬきます。

③約《やく》七分後《ふんご》、羽《はね》もでてきました。はらをふくらませたりちぢめたりして、からをおしさげていきます。

まゆをでようとしているカイコガ。さなぎからぬけでても、カイコガは、すぐに羽《はね》をのばすことはできません。まゆの外《そと》へでなければならないからです。おや、まゆがぬれているのは、どうしてでしょう。

カイコガのたんじょう

さあ、毎日《まいにち》、さなぎを観察《かんさつ》しましょう。複眼《ふくがん》のところが黒《くろ》くなり、触角《しょっかく》の色《いろ》がこくなってくると、羽化《うか》はもうまもなくです。羽化《うか》は、朝早《あさはや》くおこなわれます。

おや、さなぎがうごきました。

おなかの節《ふし》のくびれ部《ぶ》が大《おお》きくなり、しばらくすると、とつぜん、パリッと、かすかな音《おと》をたてて、せなかのあたりがわれました。

そうです。カイコガのたんじょうです。

さなぎのからを、はらの方《ほう》におしさげるようにして、しだいにガのすがたが、あらわれてきました。

⬆あなが，しだいにおしひろげられて，成虫《せいちゅう》の頭《あたま》がでてきました。口《くち》からは液《えき》がでています。

⬅ぬれたまゆをおしひろげて，ガがすがたをあらわしました。でも，まゆの糸《いと》は切《き》れてはいません。

まゆをおしあけるカイコガ

さなぎからぬけでても、カイコガには、厚《あつ》いまゆのかべがまっています。

そこでカイコガは、さなぎからぬけでるとすぐに、口《くち》からぬるぬるした液《えき》をはきだします。この液《えき》がまゆをぬらすと、あのかたくしまったまゆの糸《いと》がしだいにゆるんでくるのです。

カイコガは、このゆるんだ糸《いと》を頭《あたま》や胸《むね》でおしあけてでてきます。まゆにあながあいても、それは糸《いと》が切《き》れたわけではないのです。

↑羽《はね》までぬけでてきました。ここまでくれば，
まゆからぬけでるのもあとひといきです。

←はらをひきだすめすのカイコガ。まゆのあなから六本《ぽん》の足《あし》がでると、この足《あし》でまゆにつかまって、いっきにはらをひきだします。めすは、おすよりもひとまわり大《おお》きなからだをしています。

てきとうな足場《あしば》をさがしてぶらさがります。

羽《はね》に血液《けつえき》がめぐると，ちぢんでいた羽《はね》が，のびはじめます。

約《やく》15分《ふん》後《ご》，羽《はね》はほぼのびましたが，まだやわらかです。

羽《はね》をのばすカイコガ

何回《なんかい》も何回《なんかい》も、まゆのあなをおしひろげて、ようやくからだが半《はん》分《ぶん》以《い》上《じょう》でてきました。のこっているのは、大《おお》きなはらだけです。このはらをいっきにひきだしたら、まゆにつかまって、ちぢんだ羽《はね》をのばします。

羽《う》化《か》のはじまりから、羽《はね》がのびおわるまでに、一時《じ》間《かん》くらいはかかります。

でも、羽《はね》がのびても、チョウのように、大《おお》きく、美《うつく》しい羽《はね》ではありません。羽《はね》にくらべて、はらのほうが大《おお》きくめだちます。

➡とくにしげきがないかぎり、カイコガは羽化《うか》した場所《ばしょ》でじっとしています。おすは、うごきまわることもありますが、大《おお》きなからだのめすは、ほとんどうごきません。

とべないカイコガ

のびた羽《はね》がかわくと、ふつうのガならとべます。でも、カイコガはとべません。羽《はね》の大《おお》きさのわりに、はらが大《おお》きくて重《おも》すぎるからです。羽《はね》をうごかす筋《きん》

野生《やせい》のカイコ。クワコともいいます。羽《はね》の色《いろ》やもようは、家畜《かちく》のカイコと違《ちが》いますが、祖先《そせん》はおなじです。野生《やせい》のカイコを、ながい年《ねん》月《げつ》をかけて改良《かいりょう》してきたのがいまのカイコです。

肉《にく》も、それほど強《つよ》くはありません。

カイコガは、いまから四千五百年《せんひゃくねん》以上《いじょう》のむかしから、家畜《かちく》として人間《にんげん》にかわれてきました。そのため、ひろい野外《やがい》をとびまわりながら、なかまをみつける必要《ひつよう》もありません。

また、幼虫《ようちゅう》の食《た》べ物《もの》となるクワの木《き》をさがして、そこにとんでいってたまごをうみつける必要《ひつよう》もありません。人間《にんげん》が用意《ようい》してくれた相手《あいて》と交尾《こうび》をし、用《よう》意《い》してくれた場所《ばしょ》にたまごをうむだけでよいのです。だから、カイコガはとぶ必要《ひつよう》がないのです。

人間《にんげん》の側《がわ》からみれば、とんでにげてはこまります。家畜化《かちくか》されたカイコは、長《なが》いあいだ改良《かいりょう》されて、もうとぶ能力《のうりょく》をうしなったガです。でも、茶色《ちゃいろ》い色《いろ》をした野生《やせい》のカイコガは、よくとびます。

➡青《あお》い箱《はこ》めざして、カイコガのおすがはばたきます。でもカイコガはとんでいくことができません。かけていきます。箱《はこ》の中《なか》には、いったい何《なに》がいるのでしょう。

⬅箱《はこ》の中《なか》には、はらの大《おお》きなめすがいます。おすとちがい、めすのはらの先《さき》には黄色《きいろ》いものがみえます。箱《はこ》のまわりで、はげしくはばたくおすの羽《はね》のりんぷんがとびちります。

かけだしたおす

おや、おすのカイコガたちが、青《あお》い箱《はこ》めがけて、かけあつまってきます。ふだんはじっとして、ほとんどうごかないおすのカイコガが、気《き》がくるったようにはげしく羽《はね》をうごかして、青《あお》い箱《はこ》めがけてあつまってきます。

青《あお》い箱《はこ》には、小《ちい》さなあながあいていますが、中《なか》のようすはみえません。

箱《はこ》の中《なか》をガラス板《いた》ごしに下《した》からのぞいてみましょう。中《なか》にめすのガが一ぴきみえます。そうです。ひみつはこのめすにあります。

めすのすがたがみえないはずなのに、おすたちがあつまってくるのは、めすがだすとくべつなにおいが、あなからでているからです。

➡めすの誘引腺《ゆういんせん》。羽化《うか》すると、まもなくめすは、この黄色《きいろ》いふくろをはらの先《さき》からだして、においをまきちらします。

誘引腺《ゆういんせん》と触角《しょっかく》

おすのガをはげしくひきよせた、とくべつのにおいは、めすのはらの中《なか》にある、誘引腺《ゆういんせん》という黄色《きいろ》いふくろからだされます。

めすは、羽化《うか》するとすぐに、この誘引腺《ゆういんせん》をはらの先《さき》からだして、とくべつのにおいをあたりにまきちらします。おすは、このにおいをたどってめすをみつけるのです。

おすが、においを感《かん》じるところは、触角《しょっかく》です。触角《しょっかく》にある細《こま》かい毛《け》の中《なか》に、たくさんのにおいを感《かん》じるところがあるのです。

ことばをもたない昆虫《こんちゅう》の中《なか》には、このようににおいの信号《しんごう》をつかうものがよくあります。めすをみつけたおすはすぐに交尾《こうび》をします。

⬆くしのようなおすの触角《しょっかく》。めすのにおいは，この触角《しょっかく》で感《かん》じとります。カイコガの黒《くろ》く大《おお》きな眼《め》は，めすをみつけるのにはあまり役《やく》にたちません。

⬅交尾《こうび》をするカイコガ。羽化《うか》しためすは，すぐに，おすをひきよせて，交尾《こうび》をします。交尾《こうび》は数時間《すうじかん》つづきます。

→めすの卵管《らんかん》をひきだしてみました。八本《ぱん》の卵管《らんかん》の中《なか》にたまごがならんでいます。めすの大《おお》きなはらの中《なか》の大部分《だいぶぶん》は、つまっているたまごです。写真《しゃしん》のめすは、もう半分《はんぶん》ほどたまごをうみおとしたあとの状態《じょうたい》です。

←ぬけでたあとのまゆに産卵《さんらん》するめす。めすはあまりうごきまわらず、手近《てぢか》なものになんでも産卵《さんらん》します。たまごは、はば一ミリ、長《なが》さ、一・三ミリ、厚《あつ》さ〇・五ミリメートルくらいのだ円形《えんけい》です。たまごは、はじめは黄色《きいろ》ですが、数日《すうじつ》で紫色《むらさきいろ》になり、自然《しぜん》の状態《じょうたい》では、このまま冬《ふゆ》をこして、よく年《とし》の春《はる》にかえります。

産卵《さんらん》

交尾《こうび》のおわっためすは、まもなくたまごをうみはじめます。

しりの先《さき》で、場所《ばしょ》をさがしながらたまごを一個《こ》ずつ、かさならないようにならべてうんでいきます。

たまごは、のりのようなものにつつまれています。そのため、うみおとされると、すぐその場所《ばしょ》にはりつき、うごいたりおちたりしません。

めすは休《やす》みなく、五百《ひゃっ》個《こ》くらいのたまごを、一晩中《ひとばんじゅう》うみつづけます。

たまごをうみおわっためすは、えさをとることもなく一生《いっしょう》をおえます。

➡カイコのそだちざかりのころのクワ畑《はたけ》。春《はる》から秋《あき》まで青葉《あおば》がたえません。ふつう農家《のうか》では、クワの葉《は》がしげる春《はる》から秋《あき》のあいだに四～六回《かい》カイコをかいます。

幼虫《ようちゅう》のたんじょう

初夏《しょか》です。畑《はたけ》には、幼虫《ようちゅう》のえさになるクワの葉《は》が青《あお》あおとしげっています。カイコの季節《きせつ》になりました。

現在《げんざい》では、カイコはクワの葉《は》のあるときなら、いつでも、何回《なんかい》でもかえます。クワの葉《は》の成長《せいちょう》をみながら、たまごのかえるときを人工的《じんこうてき》に調節《ちょうせつ》しているのです。

二週間前《しゅうかんまえ》に冷蔵庫《れいぞうこ》からだして、二十五度《ど》の温度《おんど》のへやにいれておいたたまごの中《なか》には、もう幼虫《ようちゅう》のすがたがみえるようになりました。あすはたんじょうです。

幼虫《ようちゅう》は、朝早《あさはや》く、あたりが明《あか》るくなるのをまっていたように、たまごのからを食《く》いやぶって、つぎからつぎへとうまれてきます。

うまれたばかりの幼虫《ようちゅう》は、頭《あたま》が黒《くろ》く、からだも黒《くろ》い色《いろ》をしています。からだ全《ぜん》体《たい》に毛《け》がはえているので、これをけご（毛《け》蚕《ご》）とよんでいます。

⬅けごのたんじょう。たまごのからを食《く》いやぶって、つぎからつぎへとうまれてきます。うまれたばかりの幼虫《ようちゅう》は、からだの毛《け》がめだちます。体長《たいちょう》は三ミリメートルほどしかありません。

nSK
Zバンド

●カイコだなのカイコ

カイコは，長《なが》いあいだ人間《にんげん》にかわれてきたので，いまでは，人間《にんげん》の世話《せわ》なしには生《い》きられません。

どんなにおなかがすいていても，クワの葉《は》が30㎝もはなれたところにあると，そこまで歩《ある》いてたどりつくこともできないのです。人間《にんげん》がえさをあたえるまでじっとまっています。歩《ある》く力《ちから》は弱《よわ》く，ものにつかまる力《ちから》も弱《よわ》くなっています。ですから，野外《やがい》のクワの木《き》にカイコをはなしても，生《い》きてはいけません。

農家《のうか》では，カイコだなの上《うえ》でたくさんのカイコをかいます。えさがなくならないように，朝夕《あさゆう》２回《かい》はクワの葉《は》をあたえます。

農家《のうか》で４～６月《がつ》にかうカイコを春蚕《はるご》，７月《がつ》のを夏蚕《なつご》，８月《がつ》のを秋蚕《あきご》，９～10月《がつ》のを晩秋蚕《ばんしゅうご》などといっています。

↑クワの葉《は》を食《た》べて，どんどん大《おお》きくなるカイコ。

↑1令幼虫《れいようちゅう》。けごはかむ力《ちから》が弱《よわ》いので，ふつうはきざんだクワの葉《は》をあたえます。約《やく》3㎜のけごが3日間《かかん》で，7㎜くらいになります。

↑2令幼虫《れいようちゅう》。頭《あたま》は黒《くろ》い色《いろ》をしています。順調《じゅんちょう》にそだつと，2日半《かはん》ほどクワの葉《は》を食《た》べつづけ，約《やく》12㎜になると脱皮《だっぴ》して，3令《れい》になります。

幼虫《ようちゅう》の成長《せいちょう》

けごは、やわらかいクワの葉《は》のうらをなめるように食《た》べて大《おお》きくなります。三日目《みっかめ》には、からだが太《ふと》って毛《け》がめだたなくなります。それから一日《にち》たつと、脱皮《だっぴ》をして、そのあと急《きゅう》に大《おお》きくなります。

カイコの皮《ひ》ふは、からだの成長《せいちょう》にあわせて大《おお》きくなることがありません。そこで大《おお》きくなった幼虫《ようちゅう》は、小《ちい》さな皮《ひ》ふをぬいで成長《せいちょう》します。これが脱皮《だっぴ》です。

たまごからかえったばかりの幼虫《ようちゅう》を一令《れい》、一回《かい》脱皮《だっぴ》した幼虫《ようちゅう》を二令《れい》といいます。カイコは四回《かい》脱皮《だっぴ》をして、五令《れい》にまでなります。

絵《え》は実物《じつぶつ》の大《おお》きさです

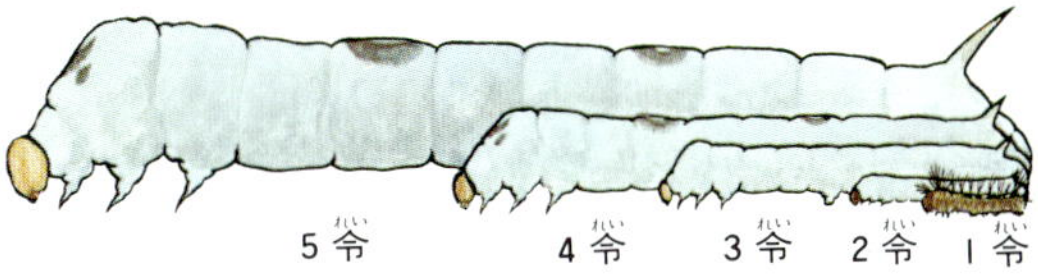

※表《ひょう》は春蚕《はるご》の場合《ばあい》です

	1令《れい》	2令《れい》	3令《れい》	4令《れい》	5令《れい》
えさを食《た》べて成長《せいちょう》する日数《にっすう》	2.5日《にち》	2.5日《にち》	3日《か》	4日《か》	8日《か》
脱皮前《だっぴまえ》のねむる日数《にっすう》	1日《にち》	1日《にち》	1.5日《にち》	2日《か》	

⬇手前《てまえ》が脱皮直後《だっぴちょくご》の3令幼虫《れいようちゅう》，後《うし》ろが2令幼虫《れいようちゅう》。脱皮《だっぴ》の前後《ぜんご》では，からだの大《おお》きさのちがいはめだちませんが，頭《あたま》の大《おお》きさのちがいはめだちます。

⬆ねむっている４令幼虫《れいようちゅう》。頭《あたま》をもちあげてじっとしています。
このあいだに，からだの中《なか》で新《あたら》しい皮《ひ》ふがつくられます。

ねむり（眠《みん》）と脱皮《だっぴ》

クワの葉《は》を食《た》べて、カイコのからだが大《おお》きくなり、皮《ひ》ふがきゅうくつになると、その皮《ひ》ふの下《した》に新《あたら》しい大《おお》きな皮《ひ》ふがつくられます。

新《あたら》しい皮《ひ》ふがつくられるあいだは、カイコはクワの葉《は》を食《た》べません。

頭《あたま》をもちあげて、じっとしています。ねむっているようにみえるので、これをねむり（眠《みん》）といいます。

おや、ねむっていた四令《れい》のカイコが、もぞもぞとうごめきはじめました。古《ふる》い皮《ひ》ふがぴんとはってきました。最後《さいご》の脱皮《だっぴ》がはじまったのです。

➡脱皮《だっぴ》は，古《ふる》い皮《ひ》ふを後《うし》ろに少《すこ》しずつおしやることからはじまります。古《ふる》い皮《ひ》ふと新《あたら》しい皮《ひ》ふのずれが大《おお》きくなり，もようが2つにみえてきました。

➡皮《ひ》ふがぴんとはりきると，とつぜん胸《むね》の部分《ぶぶん》がさけ，中《なか》から新《あたら》しい皮《ひ》ふをもった幼虫《ようちゅう》があらわれました。ぬけがらについた気管《きかん》が黒《くろ》いひものようにみえます。

➡古《ふる》い皮《ひ》ふはほとんど後《うし》ろにおしやられ，脱皮《だっぴ》はおわりに近《ちか》づいてきました。このあと古《ふる》い頭《あたま》のからをぬぎおとすと脱皮《だっぴ》はおわります。

⬆脱皮《だっぴ》をおえて休《やす》む５令幼虫《れいようちゅう》。ひとまわり大《おお》きくなった頭《あたま》をもちあげて休《やす》みます。新《あたら》しい皮《ひ》ふは，しわがめだちます。

もりもり食《た》べる五令幼虫《れいようちゅう》

脱皮《だっぴ》は約《やく》十五分間《ふんかん》でおわります。最後《さいご》に古《ふる》い頭《あたま》をぬぎおとすと、頭《あたま》をあげてひと休《やす》み。新《あたら》しい皮《ひ》ふは大《おお》きめで、だぶだぶした感《かん》じです。

新《あたら》しい皮《ひ》ふがかたくなると、食欲《しょくよく》がもりもりわいてきます。幼虫《ようちゅう》の仕事《しごと》は食《た》べてそだつこと。五令《れい》幼虫《ようちゅう》はそのなかでも、とくによく食《た》べます。

朝《あさ》から晩《ばん》まで、バリバリ、バリバリ。カイコだなからは、クワの葉《は》を食《た》べる音《おと》が休《やす》みなしにきこえます。

たくさんのカイコが食《た》べるときの音《おと》は、雨《あめ》がふるようにきこえます。

⬇クワの葉《は》を食《た》べる５令幼虫《れいようちゅう》。約《やく》１週間《しゅうかん》食《た》べつづけます。カイコは，ふ化《か》してからまゆをつくるまでのあいだに，約《やく》25グラムの葉《は》を食《た》べます。このうちの80パーセント以上《いじょう》が５令幼虫《れいようちゅう》のときに食《た》べられます。そしてふ化《か》してから25日《にち》あまりで成長《せいちょう》した５令幼虫《れいようちゅう》の体重《たいじゅう》は，けごのときの１万倍《まんばい》以上《いじょう》にもなります。

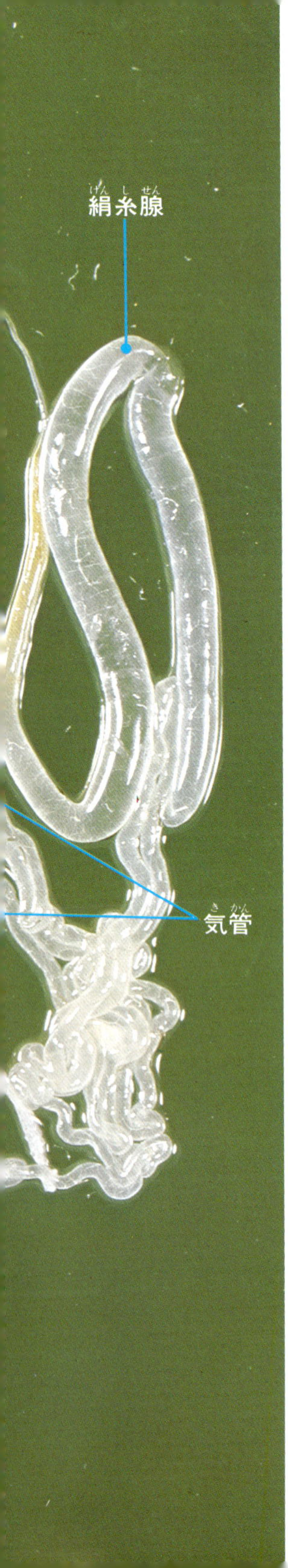
絹糸腺《けんしせん》
気管《きかん》

●カイコのからだ

5令《れい》のカイコを解剖《かいぼう》してみました。もりもり食《た》べるカイコだけあって，からだの中《なか》でいちばんめだつのは，たてに1本《ぽん》太《ふと》く通《とお》っている消化管《しょうかかん》です。内部《ないぶ》には食《た》べたばかりのクワが緑色《みどりいろ》をしてつまっています。

つぎにめだつのが，両側《りょうがわ》にある絹糸腺《けんしせん》。絹糸腺《けんしせん》は5令《れい》になると急《きゅう》に大《おお》きくなります。この中《なか》に液体状《えきたいじょう》の絹糸《きぬいと》の原料《げんりょう》がはいっています。口《くち》のところの吐糸管《としかん》から，この液体《えきたい》がはきだされて空気《くうき》にふれると，絹糸《きぬいと》になります。

黄色《きいろ》いひもみたいなマルピーギ管《かん》は，腸《ちょう》から水分《すいぶん》を吸収《きゅうしゅう》し，尿《にょう》をおくりだす役目《やくめ》をします。

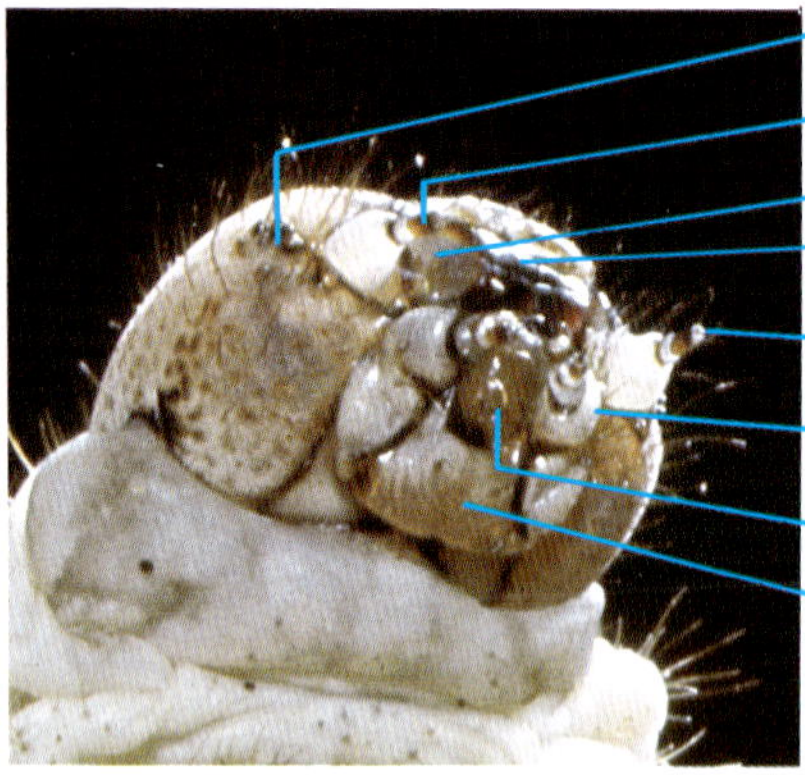
単眼《たんがん》
触角《しょっかく》
大《おお》あご
上唇《じょうしん》（上《うわ》くちびる）
触角《しょっかく》
小《こ》あご
吐糸管《としかん》
下唇《かしん》（下《した》くちびる）

↑5令幼虫《れいようちゅう》の口《くち》の部分《ぶぶん》。

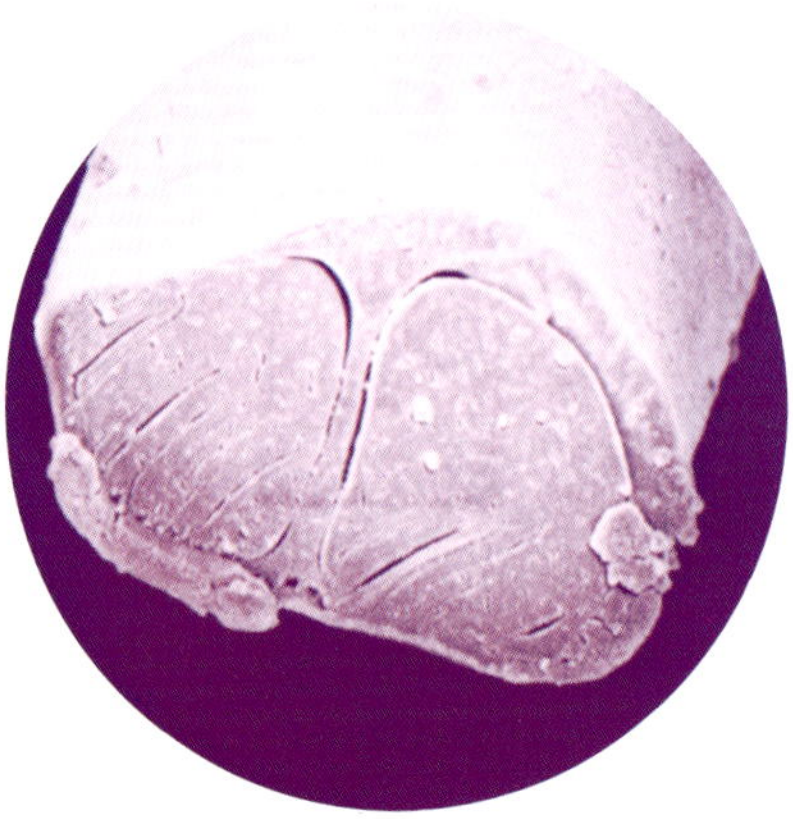

←カイコの糸《いと》の断面《だんめん》の顕《けん》微鏡写真《びきょうしゃしん》。糸《いと》は左右《さゆう》の絹糸腺《けんしせん》でつくった原料《げんりょう》を，口《くち》からだすときに1本《ぽん》にします。断面写《だんめんしゃ》真《しん》では，2本《ほん》の糸《いと》がくっついて1本《ぽん》になっていることがわかります。

⬇気門《きもん》。幼虫《ようちゅう》のからだの横《よこ》には，息《いき》をするための気門《きもん》がならんでいます。

⬇背脈管《はいみゃくかん》。昆虫《こんちゅう》は，からだ全体《ぜんたい》が血液《けつえき》でみたされていて，血管《けっかん》はとくにありません。からだの中《なか》の血液《けつえき》をめぐらすのが，この背脈管《はいみゃくかん》です。

⬇足《あし》場《ば》用《よう》の糸《いと》をつけていくカイコを，ガラス板《いた》ごしにみました。はきだされた糸《いと》をみてください。8の字《じ》をえがいてかさなっているのがよくわかります。

←幼虫《ようちゅう》の胸《むね》の足《あし》には1本《ぽん》ずつ，そして，はらやしりにある足《あし》には，先《さき》のまがった多数《たすう》のつめが，くしの目《め》のようにならんでいます。

↓重《おも》い幼虫《ようちゅう》が，からだをささえていられるのは，えだや葉《は》につけた足場用《あしばよう》の糸《いと》と，足《あし》のつめのおかげです。

糸《いと》をはく幼虫《ようちゅう》

おや、カイコがガラス板《いた》の上《うえ》に糸《いと》をはいています。まゆをつくるのでしょうか。いいえ、すべらないように足場《あしば》をつくっているのです。

頭《あたま》を8《はち》の字《じ》を書《か》くようにふりながら、糸《いと》をつけていきます。足《あし》の先《さき》は、糸《いと》がひっかかるようになっています。

カイコは、ふだんクワの葉《は》の上《うえ》を歩《ある》くときも、このように糸《いと》をはいて、足場《あしば》をつくって歩《ある》きます。

カイコにかぎらず、チョウやガの幼虫《ようちゅう》は、このように糸《いと》でつくった足《あし》場《ば》の上《うえ》で生活《せいかつ》します。

➡回転《かいてん》まぶし。カイコはまゆをつくる場所《ばしょ》をもとめて，上《うえ》の方《ほう》へのぼっていくくせがあります。そのためまゆはまぶしの上《うえ》の方《ほう》に多《おお》くできます。まゆがあるていどできたら，まぶしを回転《かいてん》させて，上下《じょうげ》をいれかえます。

まゆづくりの準備《じゅんび》

五令《れい》になって約《やく》一週間《しゅうかん》。クワの葉《は》をじゅうぶんに食《た》べたカイコは七センチメートル近《ちか》くに成長《せいちょう》しました。もうクワの葉《は》を、あまり食《た》べなくなりました。なかには、からだが黄色《きいろ》いアメ色《いろ》になって、少《すこ》しすきとおってきたものもいます。

さあ、いよいよまゆをつくるときがきたのです。農家《のうか》では、おじさんがボール紙《がみ》でつくったわくの中《なか》に、カイコをはなす準備《じゅんび》をしていますよ。カイコは、ここでまゆをつくります。このわくを、まぶしといいます。

←この時期《じき》のカイコは，まゆをつくる場所《ばしょ》をもとめて，かってに歩《ある》きまわります。ちりぢりにならないうちにあつめて，まぶしにはなします。

↓まぶしのわくをのぼるカイコ。まぶしにはなされたカイコは，てきとうなわくの中《なか》にもぐりこんで，まゆをつくります。

➡まゆづくりの下《した》ごしらえをするカイコ。まゆをつくる場所《ばしょ》をさだめたカイコは，まわりのかべをつかって，足場用《あしばよう》の糸《いと》をかけます。

まゆづくり

まぶしの中《なか》におちついたカイコは、まずはじめに、まわりに糸《いと》をかけて、まゆづくりの下《した》ごしらえをします。

下《した》ごしらえがすむと、こんどは頭《あたま》を8《はち》の字《じ》を書《か》くようにうごかしながら、からだのまわりに糸《いと》をはいていきます。何度《なんど》も何度《なんど》も頭《あたま》の向《む》きをかえながら、内側《うちがわ》から糸《いと》をかさねて、自分《じぶん》のからだをつつみこむまゆを厚《あつ》くしていきます。

つくりはじめてから、半日《はんにち》でまゆの形《かたち》ができてきます。一日《にち》たつと幼虫《ようちゅう》のすがたは、まゆの外《そと》からみえなくなります。まる二日《ふつか》くらいかかって、まゆは完成《かんせい》します。

⬇足場用《あしばよう》の糸《いと》が，からだ全体《ぜんたい》をつつむようになると，こんどは本《ほん》格的《かくてき》なまゆづくりにはいります。上《うえ》の段《だん》のカイコは，まゆをつくりはじめて約《やく》6時間《じかん》，足場《あしば》がほぼ完成《かんせい》しました。下《した》の段《だん》は，約《やく》15時間《じかん》たったものです。まゆの形《かたち》がはっきりしてきました。

➡アシナガバチの幼虫《ようちゅう》も、糸《いと》をはいてまゆをつくります。この中《なか》で幼虫《ようちゅう》はさなぎになります。

⬅まゆが、つぎつぎにできていきます。わずか三・五センチメートルほどのまゆの中《なか》に、千～千五百《ひゃく》メートルもの長《なが》さの細《ほそ》い一本《ぽん》の糸《いと》が、とちゅうでとぎれることなく、いくえにもかさなっていきます。厚《あつ》くてじょうぶなまゆは、こうしてできます。

カイコのまゆと糸《いと》

まゆをつくる昆虫《こんちゅう》は、カイコのほかにもたくさんいます。まゆをつくらなくても、糸《いと》が生活《せいかつ》にたいせつな役目《やくめ》をしている昆虫《こんちゅう》は、さらに多《おお》くいます。

しかし、一生《いっしょう》のあいだにだす糸《いと》の量《りょう》と強《つよ》さにおいて、カイコにかなうものはありません。人間《にんげん》が、長《なが》い年月《ねんげつ》をかけて、現在《げんざい》のように、たくさんの強《つよ》い糸《いと》をだすカイコをつくりあげてきたのです。

そのかわり、カイコは野生《やせい》をうしない、いまでは人間《にんげん》の世話《せわ》なしでは、生《い》きていけなくなってしまったのです。

➡ヤママユガのまゆ。カイコのほかにもまゆをつくるガは多《おお》くいます。ヤママユガの幼虫《ようちゅう》は葉《は》をつづって足場《あしば》をつくり，その中《なか》にまゆをつくります。

⬆ヤママユガの成虫《せいちゅう》。

幼虫《ようちゅう》からさなぎへ

できあがったまゆを、切《き》りひらいてみましょう。幼虫《ようちゅう》がいますね。クワの葉《は》を食《た》べていたときより小《ちい》さくやわらかくなって、ぐったりとしています。死《し》んでしまったのでしょうか。いいえ、からだの中《なか》では、さなぎになる準備《じゅんび》がすすんでいるのです。

おや、幼虫《ようちゅう》が、もぞもぞとうごめきだしました。いよいよさなぎになるときがきたようです。

からだづくりの大変化《だいへんか》のあいだ、うごくことができない幼虫《ようちゅう》やさなぎをまゆがそっとつつんでまもります。

⬇まゆをつくりおえたカイコは，まる１日《にち》くらいたつと，まゆの中《なか》で脱皮《だっぴ》して，さなぎになります。脱皮《だっぴ》は幼虫《ようちゅう》とおなじように，胸《むね》の部分《ぶぶん》がさけることからはじまります。脱皮《だっぴ》がおわったさなぎの皮《ひ》ふは，はじめは黄白色《おうはくしょく》をしてやわらかですが，しだいにかっ色《しょく》にかわり，かたくなります。そばには，脱皮《だっぴ》のときの，ぬけがらがぬぎすててあります。

たくさんのまゆができました。まゆの中《なか》のさなぎは、このままいけば、十二日《にち》ほどで成虫《せいちゅう》になるはずです。

いくつかのまゆは、さらにたくさんのカイコをふやすためにつかわれます。

しかし、ほとんどのまゆは、成虫《せいちゅう》になることもありません。糸《いと》をとるために、熱《ねつ》にさらされて、その一生《いっしょう》をとじるからです。

カイコは、糸《いと》をとるために、人間《にんげん》がつくりあげた、昆虫《こんちゅう》の家《か》畜《ちく》なのです。

＊カイコの飼育《しいく》の歴史《れきし》

←カイコの飼育《しいく》をえがいた江戸《えど》時代《じだい》の浮世絵《うきよえ》。クワの葉《は》をきざんであたえ箱《はこ》の中《なか》にたくさんのカイコをかっています。（喜多川歌麿《きたがわうたまろ》作《さく》「女織蚕手業草《じょしょくかいこてわざぐさ》」より）

カイコの飼育《しいく》の歴史《れきし》はたいへん古《ふる》く、四千《せん》五百年《ひゃくねん》以上《いじょう》もむかしの中国《ちゅうごく》でおこなわれていたといわれています。いまから約《やく》二千《せん》五百年前《ひゃくねんまえ》には、中国《ちゅうごく》の絹織物《きぬおりもの》は、インド、ペルシア、トルコ、ローマなどに輸出《ゆしゅつ》されるようになり、そのころの商人《しょうにん》たちが通《とお》った道《みち》は、シルクロード（絹《きぬ》の道《みち》）とよばれています。とうじローマでは、絹《きぬ》はそれとおなじ重《おも》さの金《きん》と交《こう》かんされるほど高価《こうか》であったといいます。

カイコの飼育《しいく》は、長《なが》いあいだ中国《ちゅうごく》でひみつにされてきましたが、その後《ご》各国《かっこく》にひろまりました。日本《にっぽん》には約《やく》千《せん》八百《ぴゃく》年前《ねんまえ》に、中国《ちゅうごく》から朝鮮半島《ちょうせんはんとう》をへてつたわってきました。

江戸時代《えどじだい》には、各地《かくち》でさかんにカイコがかわれていましたが、養蚕国《ようさんこく》としてたくさんの絹《きぬ》を輸出《ゆしゅつ》できるようになったのは、明治以降《めいじいこう》のことです。大正時代《たいしょうじだい》のおわりから、昭和《しょうわ》十五年《ねん》ころまでは、とくに養蚕《ようさん》がさかんでした。

明治以降《めいじいこう》のカイコの品種改良《ひんしゅかいりょう》や飼育技術《しいくぎじゅつ》の進歩《しんぽ》はめざましく、いまのまゆは明治時代《めいじじだい》のまゆとくらべて、二〜三倍《ばい》の長《なが》さの糸《いと》がとれるようになりました。

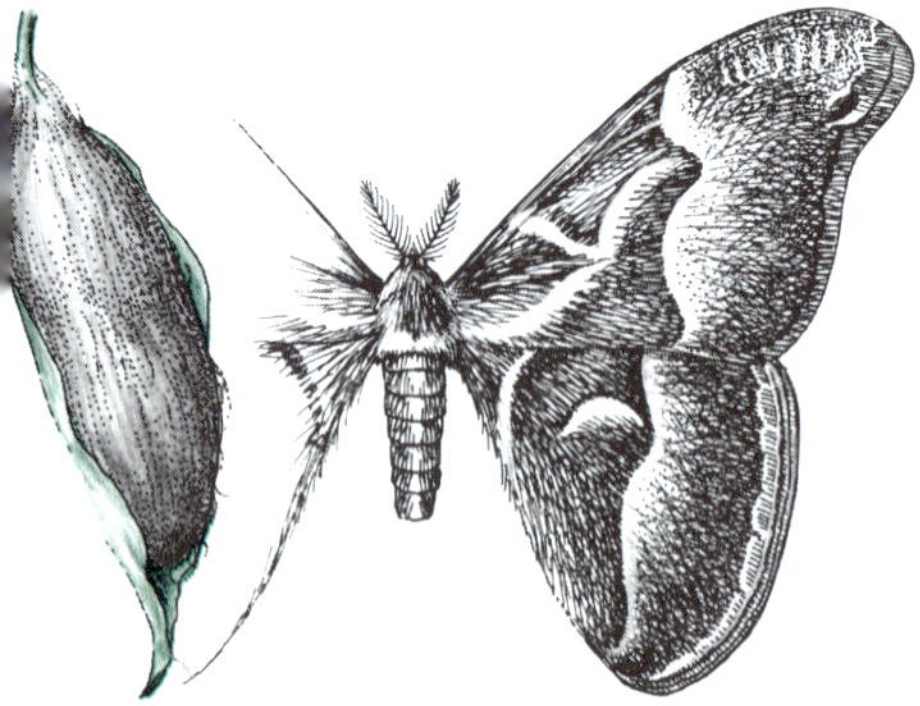

シンジュサン　前羽《まえばね》の長《なが》さ63〜72㎜。幼虫《ようちゅう》はシンジュ，クヌギ，クスノキなどたべ，からだに白《しろ》いこなをかぶっています。まゆはかっ色《しょく》で，葉《は》をつづった中《なか》につくります。

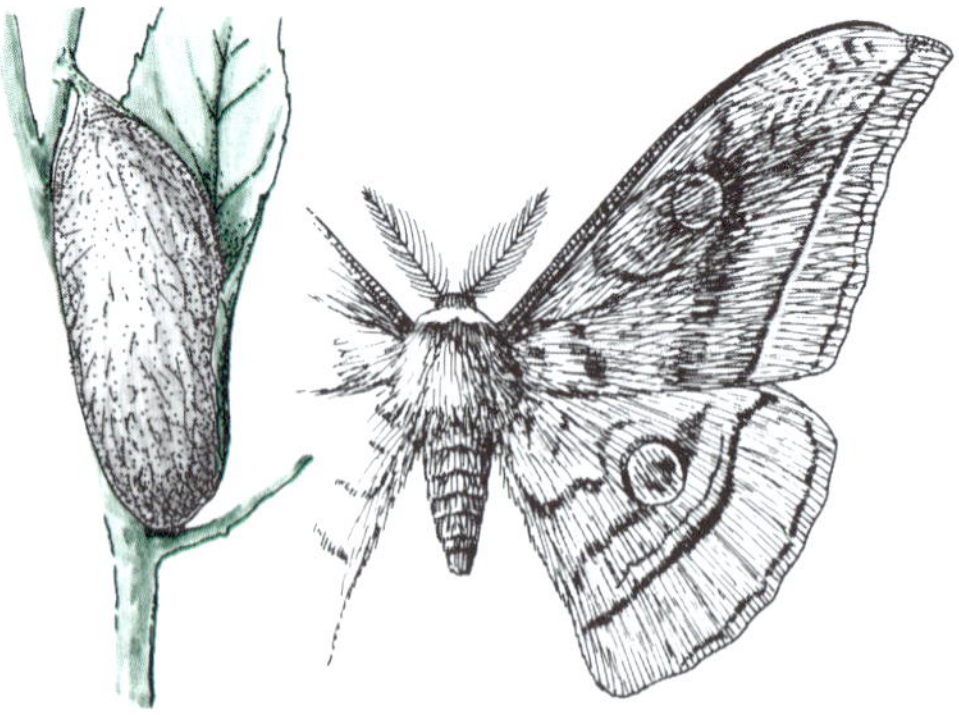

↑**ヤママユガ**　前羽《まえばね》の長《なが》さ63〜85㎜で黄《おう》かっ色《しょく》の大《おお》きなガ。幼虫《ようちゅう》は緑色《みどりいろ》で，65㎜くらいの体長《たいちょう》になります。クヌギ，ナラ，クリなどの葉《は》をたべ，まゆは緑色《みどりいろ》です。

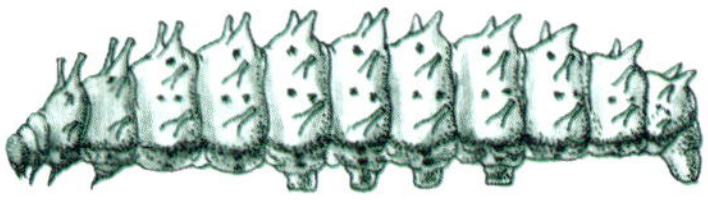

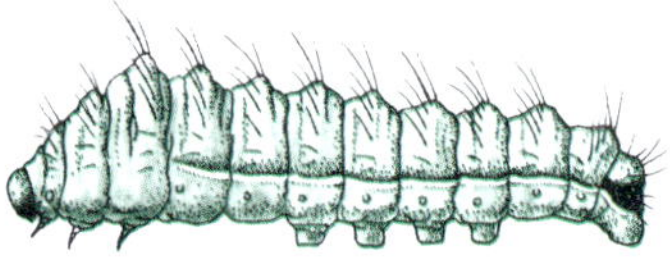

●絹糸《きぬいと》をとるガ

日本《にっぽん》には、わかっているだけで、四千《せん》五百《ひゃく》種《しゅ》以上《いじょう》のガがいます。チョウが二百《ひゃく》二十種《しゅ》ほどですから、チョウの二十倍《ばい》くらいいることになります。

ガの研究《けんきゅう》は、チョウにくらべておくれています。これからもまだまだ新《あたら》しいガが発見《はっけん》され、いまに六千《せん》種《しゅ》をこえるときが、くるかもしれません。

ガのなかまには、まゆをつくる種類《しゅるい》がたくさんいます。まゆには、わずかな糸《いと》でつくられるかんたんなものから、カイコにまけないりっぱなまゆまで、種類《しゅるい》によっていろいろです。りっぱなまゆをつくるもののなかには、むかしからカイコのように絹糸《きぬいと》をとる目的《もくてき》で利用《りよう》されてきたものが、いくつかあります。ヤママユガ科《か》のヤママユガやクスサン、シンジュサンなどです。

●ヤママユガ科《か》の絹糸《きぬいと》

ヤママユガは、一九四〇年《ねん》ごろまでは各地《かくち》でかわれていました。しかし、

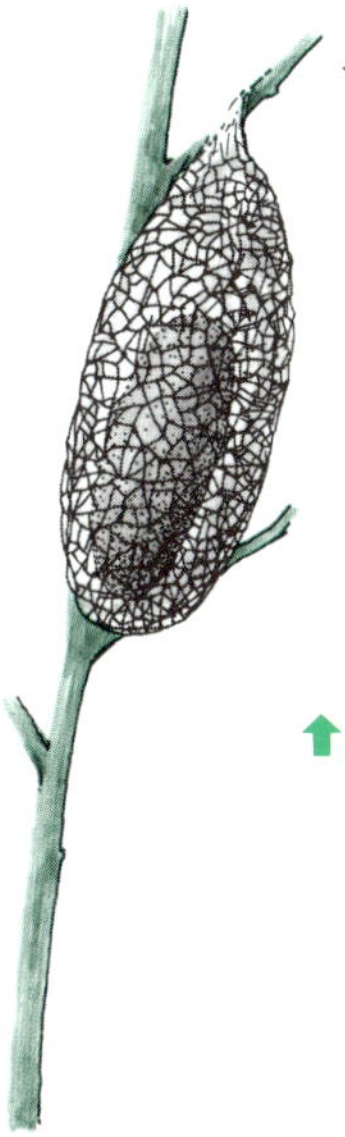

⬆**クスサン**　前羽《まえばね》の長《なが》さ53～65㎜。幼虫《ようちゅう》は白《しろ》い毛《け》がはえているのでシラガタロウとも よばれ，いろいろな木《き》の葉《は》をたべます。まゆはスカシダワラともよばれています。

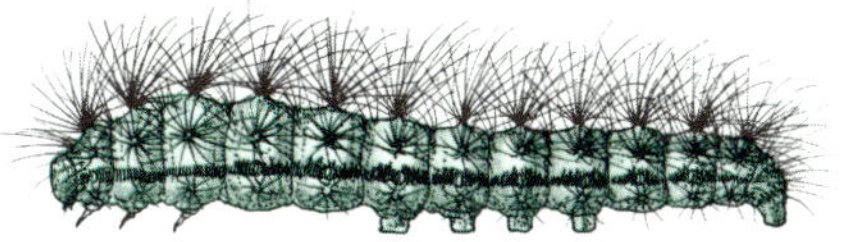

カイコのように屋内《おくない》でかうことができず、とれるまゆの量《りょう》も天敵《てんてき》や天候《てんこう》の影響《えいきょう》で一定《いってい》しません。

現在《げんざい》では、長野県《ながのけん》の有明《ありあけ》地方《ちほう》を中心《ちゅうしん》に野生《やせい》のヤママユガがかわれています。クヌギやナラの葉《は》をたべる幼虫《ようちゅう》を、あみでおおった木《き》にはなしがいにすると、えだに緑色《みどりいろ》の大《おお》きなまゆをつくります。そこからじょうぶな絹糸《きぬいと》をとるのです。

山形県《やまがたけん》の米沢《よねざわ》地方《ちほう》では、クリの木《き》でそだつクスサンのまゆを利用《りよう》して糸《いと》をつくる人《ひと》たちがいます。まゆをほぐして、栗綿《くりわた》とよばれる綿《わた》をつくり、これをつむいで糸《いと》にするということです。

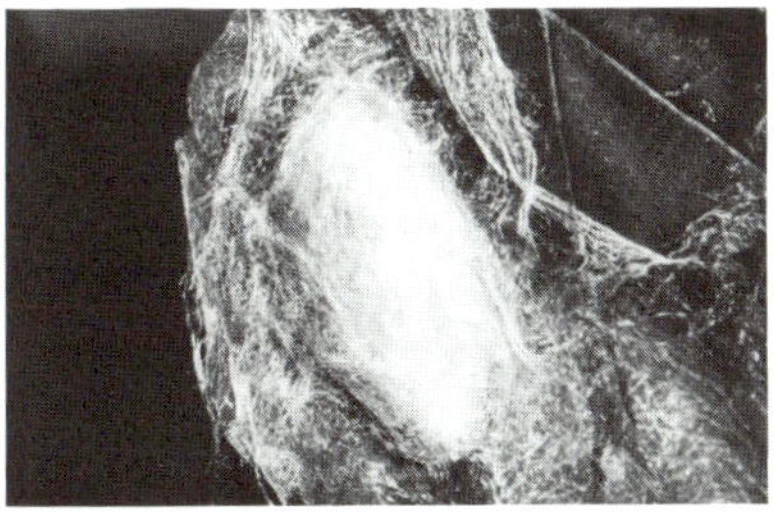

⬆野生《やせい》のカイコのまゆ

●野性《やせい》のカイコをさがしてみよう

成虫《せいちゅう》は電灯《でんとう》の光《ひかり》によくとんできます。幼虫《ようちゅう》は，野外《やがい》でクワの葉《は》をたべているのがみつかります。たまごは，木《き》の枝《えだ》に数《すう》こずつうみつけられます。年《ねん》に2～3回発生《かいはっせい》します。

まゆはクワの葉《は》をつづって，その中《なか》につくられます。ふつうのカイコよりうすくて弱《よわ》いまゆです。

⬇野生《やせい》のカイコの5令幼虫《れいようちゅう》。かっ色《しょく》でめだちません。おどろくと，からだをピンとのばします。

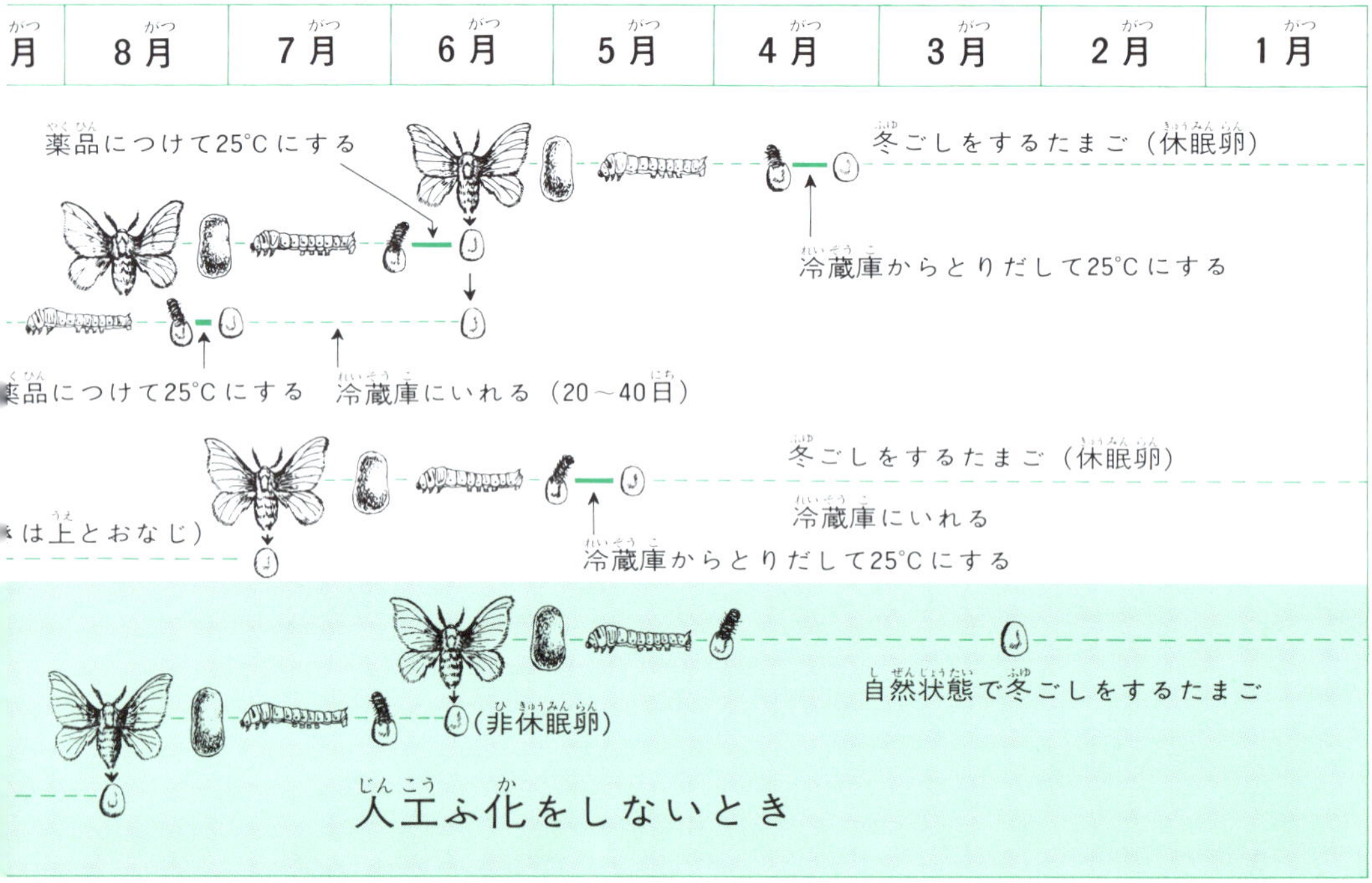
月
8月《がつ》
7月《がつ》
6月《がつ》
5月《がつ》
4月《がつ》
3月《がつ》
2月《がつ》
1月《がつ》
薬品《やくひん》につけて25°Cにする
冬《ふゆ》ごしをするたまご（休眠卵《きゅうみんらん》）
冷蔵庫《れいぞうこ》からとりだして25°Cにする
薬品につけて25°Cにする
冷蔵庫《れいぞうこ》にいれる（20～40日《にち》）
冬《ふゆ》ごしをするたまご（休眠卵《きゅうみんらん》）
は上《うえ》とおなじ）
冷蔵庫《れいぞうこ》にいれる
冷蔵庫《れいぞうこ》からとりだして25°Cにする
自然状態《しぜんじょうたい》で冬《ふゆ》ごしをするたまご
（非休眠卵《ひきゅうみんらん》）
人工《じんこう》ふ化《か》をしないとき

カイコはチョウとおなじように、たまご、幼虫《ようちゅう》、さなぎ、成虫《せいちゅう》の順《じゅん》にそだつ完全変態《かんぜんへんたい》の昆虫《こんちゅう》です。

自然《しぜん》の状態《じょうたい》では、カイコがでてくる回数《かいすう》は、ふつう春《はる》と夏《なつ》の年《ねん》二回《かい》です。でも現在《げんざい》では、いつの季節《きせつ》でも、何回《なんかい》でも飼育《しいく》できます。カイコのたまごの研究《けんきゅう》がすすみ、たまごの性質《せいしつ》を利用《りよう》できるようになったからです。

カイコのたまごには、冬《ふゆ》をこさないでかえるたまご（非休眠卵《ひきゅうみんらん》）と、冬《ふゆ》をこさないとかえらないたまご（休《きゅう》眠卵《みんらん》）との二種類《しゅるい》があります。自然《しぜん》の状態《じょうたい》でかえった春《はる》のカイコが、ガになってうむたまごは非休眠卵《ひきゅうみんらん》で、そのたまごからかえった夏《なつ》のガは、休眠卵《きゅうみんらん》をうみます。

ところで、休眠卵《きゅうみんらん》は薬品《やくひん》をつかって、冬《ふゆ》をこさずに人工的《じんこうてき》にかえしたり、冷蔵庫《れいぞうこ》にいれてかえる時期《じき》をおくらせたりすることができます。そこで休眠卵《きゅうみんらん》をうまくつかうと、カイコをいつでも、つごうのよいときに手《て》にいれることができるというわけです。

カイコが休眠卵《きゅうみんらん》と非休眠卵《ひきゅうみんらん》とを、うみかえるしくみ

カイコガのからだのしくみ

成虫《せいちゅう》

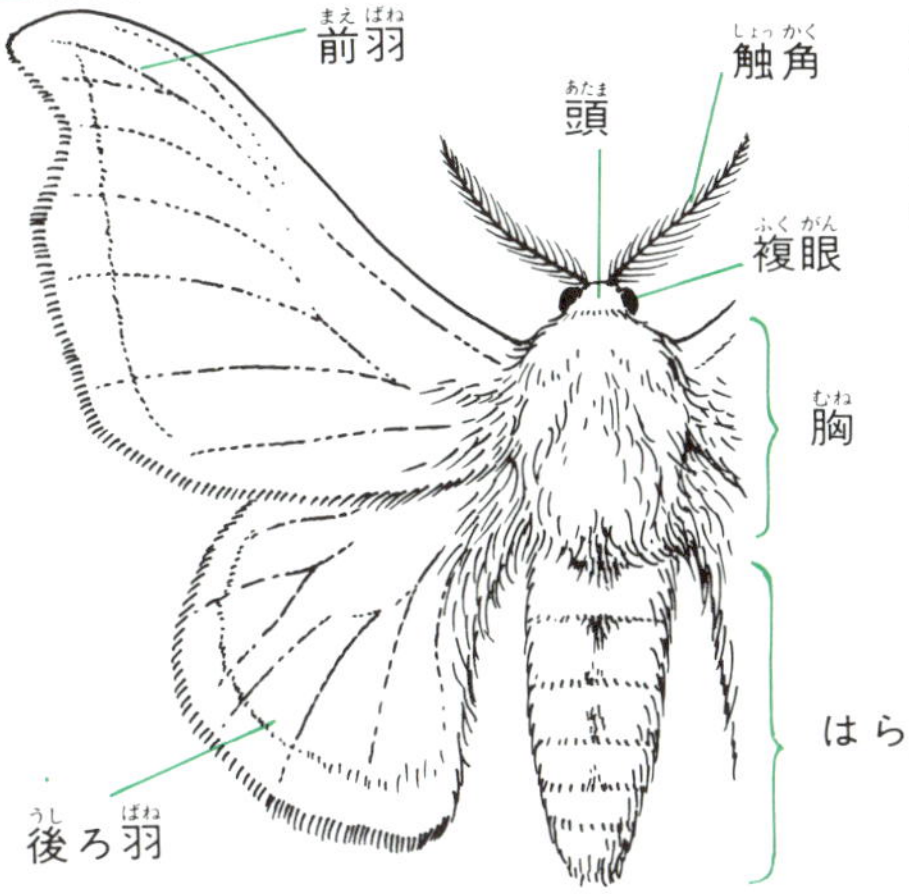
前羽《まえばね》
触角《しょっかく》
頭《あたま》
複眼《ふくがん》
胸《むね》
はら
後《うし》ろ羽《ばね》

さなぎ

各部分《かくぶぶん》の名前《なまえ》は，さなぎのからの中《なか》でできる成虫《せいちゅう》のからだの部分《ぶぶん》をしめします。

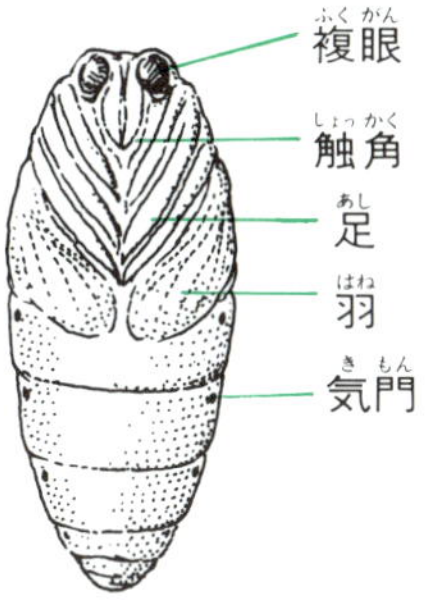
複眼《ふくがん》
触角《しょっかく》
足《あし》
羽《はね》
気門《きもん》

幼虫《ようちゅう》

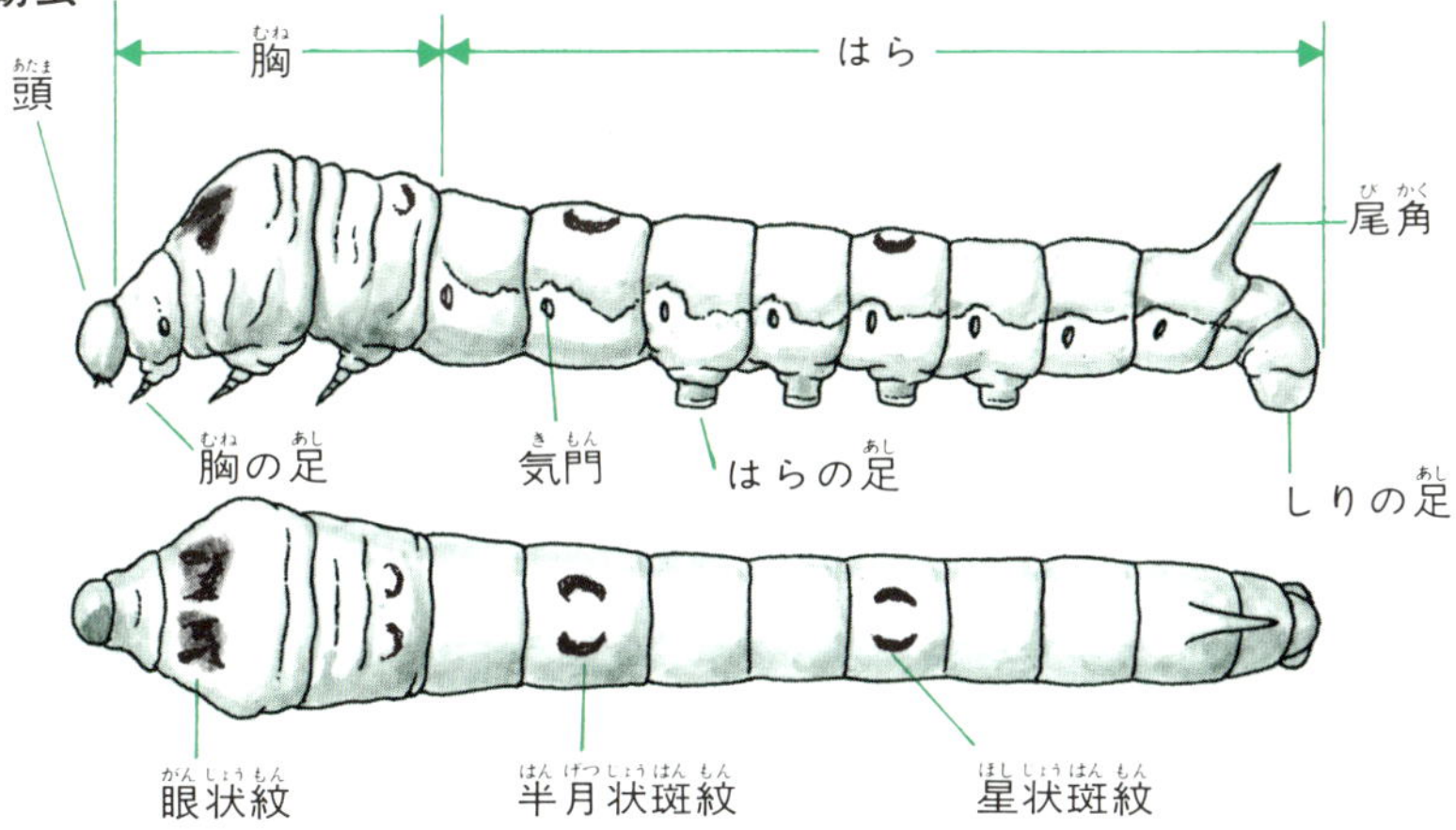
頭《あたま》
胸《むね》
はら
尾角《びかく》
胸《むね》の足《あし》
気門《きもん》
はらの足《あし》
しりの足《あし》
眼状紋《がんじょうもん》
半月状斑紋《はんげつじょうはんもん》
星状斑紋《ほしじょうはんもん》

おすとめすのみわけかた

幼虫《ようちゅう》とさなぎは，はらの先《さき》をみくらべておすとめすを区別《くべつ》できます。

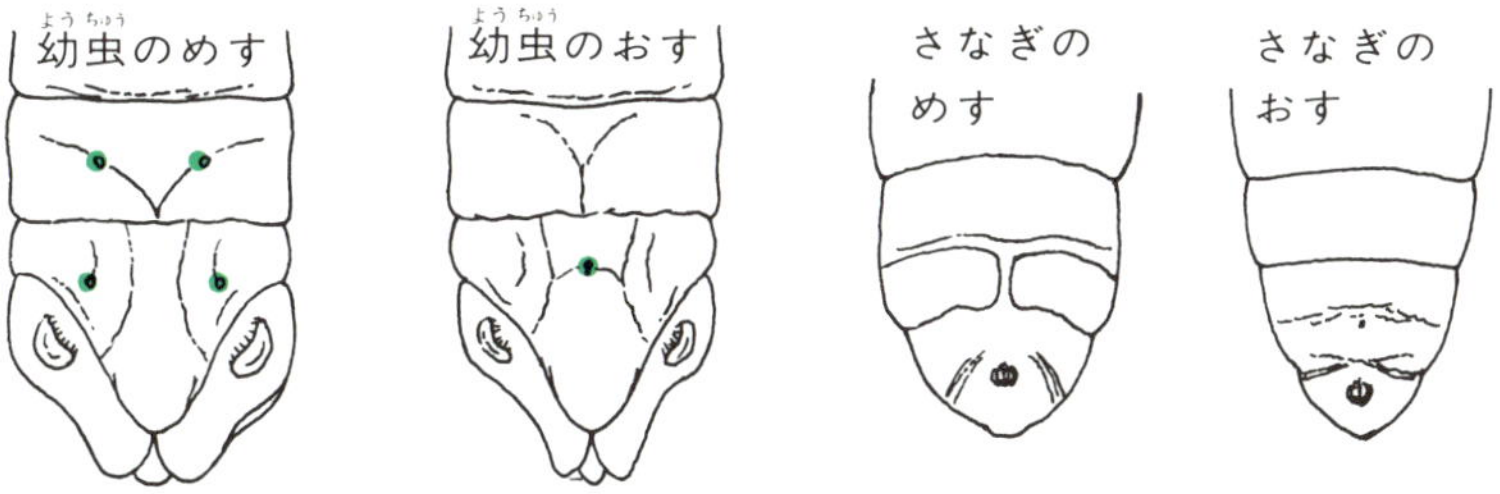
幼虫《ようちゅう》のめす
幼虫《ようちゅう》のおす
さなぎのめす
さなぎのおす

12月《がつ》	11月《がつ》	10月
冬《ふゆ》ごしをするたまご（休眠卵《きゅうみんらん》）		
冷蔵庫《れいぞうこ》にいれる		
冬《ふゆ》ごしをするたまご（人工《じんこう》ふ化		
冬《ふゆ》ごしをするたまご（休眠卵《きゅうみんらん》）		

を研究《けんきゅう》した結果《けっか》、セッ氏《し》二十五度《ど》より高《たか》い温度《おんど》でかえったたまごからガになると、そのガはすべて休眠卵《きゅうみんらん》をうむことがわかりました。そして現在《げんざい》かわれているカイコは、たまごを二十五度《ど》以上《いじょう》でかえし、すべて休眠《きゅうみん》卵《らん》をうむようにしてあります。

＊なかまのガをみつけるための信号《しんごう》

➡めすのにおいのしみた紙《かみ》にあつまるカイコガのおす。においの信号《しんごう》はフェロモンとよばれ、人間《にんげん》にはにおいません。ガのおすは、めすのフェロモンを触角《しょっかく》の感覚器《かんかくき》で感《かん》じとります。

昆虫《こんちゅう》はなかまをみつけるために、いろいろな信《しん》号《ごう》をつかいます。キリギリスやコオロギ、それにセミなどは音《おと》の信号《しんごう》でなかまをみつけます。ホタルは光《ひかり》の点《てん》めつでなかまに信号《しんごう》をおくります。ヒョウモンチョウでは、めすのはばたきによる、羽《はね》のうらと表《おもて》の明《あか》るさのちがいが信号《しんごう》になります。

カイコガは、めすが誘引腺《ゆういんせん》からだすとくべつなにおいが、おすをひきよせる信号《しんごう》なのです。このにおいをしみこませた紙《かみ》をおいておくと、近《ちか》くにいるおすは、くるったように紙《かみ》のまわりにかけより、めすのすがたがなくても交尾《こうび》しようとします。

反対《はんたい》に、においをださないようにしためすを、おすの近《ちか》くにおいても、おすはなんの反応《はんのう》もしめしません。カイコガのおすには、においの信号《しんごう》の方《ほう》が、めすのすがたよりたいせつなのです。

ほかのガでも、においの信号《しんごう》はつかわれます。ほとんどのガは、夜活動《よるかつどう》するので、暗《くら》いところで

●アメリカシロヒトリがめすをみつけるしくみ

1 夜《よ》が明《あ》けるころ，おすはめすをさがしてとびまわります。めすがにおいをだしはじめます。

2 めすのにおいがひろがり，おすがその中《なか》にとびこむと，ゆるやかなとびかたにかわり，めすをさがします。

3 おすはにおいの中《なか》をとびまわって，白《しろ》いものをみつけるとそれに近《ちか》づきます。白《しろ》いものが三角形《さんかっけい》に切《き》った紙《かみ》だと，ちょっと関心《かんしん》をしめすだけですが，矢《や》じり形《がた》に切《き》った紙《かみ》だととくに強《つよ》くひきつけられます。

4 羽《はね》をとじためすは，すでに交尾《こうび》をおわっています。おすは羽《はね》をたてているめすに近《ちか》づき，交尾《こうび》をします。矢《や》じり形《がた》の紙《かみ》は，羽《はね》をたてためすのようにみえたのです。

●においの信号《しんごう》の実験《じっけん》を最初《さいしょ》にためしたのは「昆虫記《こんちゅうき》」で有名《ゆうめい》なファーブルです。ヨーロッパ産《さん》のクジャクガやヤママユガをつかって，においの信号《しんごう》と触角《しょっかく》の関係《かんけい》をたしかめました。

ファーブル
（1823〜1915年《ねん》）

なかまをみつけるために、においはとても役《やく》だちます。ただカイコとちがって、広《ひろ》い野外《やがい》をとびまわるガがなかまをみつけるには、においだけではふじゅうぶんです。そのほかの条件《じょうけん》もくみあわせて、相手《あいて》をまちがいなくみつけられるのです。

つぎの図《ず》のように、アメリカシロヒトリというガでは、なかまをみつけるしくみが、くわしく研究《けんきゅう》されています。

＊幼虫《ようちゅう》のくらしと糸《いと》

⬆テント状《じょう》の巣《す》をはり，集団生活《しゅうだんせいかつ》をするアメリカシロヒトリの幼虫《ようちゅう》。

⬆エノキの葉《は》の上《うえ》に糸《いと》をはいてやすむオオムラサキの幼虫《ようちゅう》。

ガやチョウの幼虫《ようちゅう》には、まゆをつくらないものもたくさんいます。でも、どの幼虫《ようちゅう》も絹糸腺《けんしせん》はもっています。

ガやチョウの幼虫《ようちゅう》を飼育《しいく》するとき、新《あたら》しい葉《は》に幼虫《ようちゅう》をのせてごらんなさい。うまくとまれずに、そこからおちてしまうことがよくあります。新《あたら》しい葉《は》の上《うえ》には、幼虫《ようちゅう》がはいた糸《いと》でできた足場《あしば》が、まだないからです。

ガやチョウの幼虫《ようちゅう》は、葉《は》やえだの上《うえ》に糸《いと》をはいて足場《あしば》をつくり、この上《うえ》でくらしています。この足場《あしば》のおかげで、幼虫《ようちゅう》は強《つよ》い風《かぜ》や雨《あめ》の日《ひ》にも、葉《は》やえだからおちずにくらすことができるのです。

また、糸《いと》は巣《す》づくりにもつかわれます。オビカレハやアメリカシロヒトリなどのわかい幼虫《ようちゅう》は、糸《いと》をはき、えだにテント状《じょう》の巣《す》をかけて、集団《しゅうだん》でくらします。ハマキガやセセリチョウなどの幼虫《ようちゅう》は、糸《いと》で葉《は》をつづって巣《す》をつくります。

●糸《いと》の役目《やくめ》とさなぎ

スズメガは，土《つち》の中《なか》でさなぎになるものと，地表《ちひょう》でさなぎになるものとがいます。地中《ちちゅう》でさなぎになるスズメガはまゆはつくりませんが，地表《ちひょう》でさなぎをつくるスズメガは，土《つち》や落《お》ち葉《ば》をあつめて，あらいまゆをつくります。

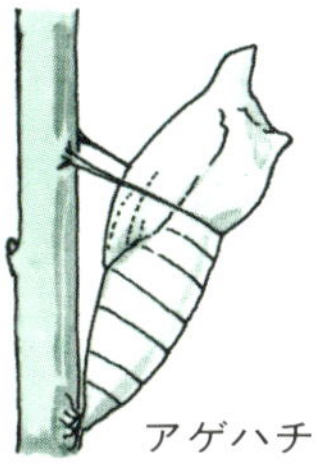

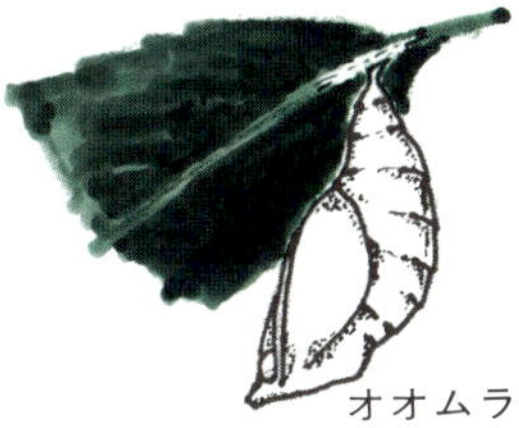

まゆをつくらないチョウのなかまにも，さなぎを糸《いと》でえだや葉《は》にとめるものがいます。

ミノムシはミノガというガの幼虫《ようちゅう》です。さなぎになっても糸《いと》でできたみのの中《なか》にいます。めすのガは羽《はね》がなく，一生《いっしょう》みのの中《なか》にいます。

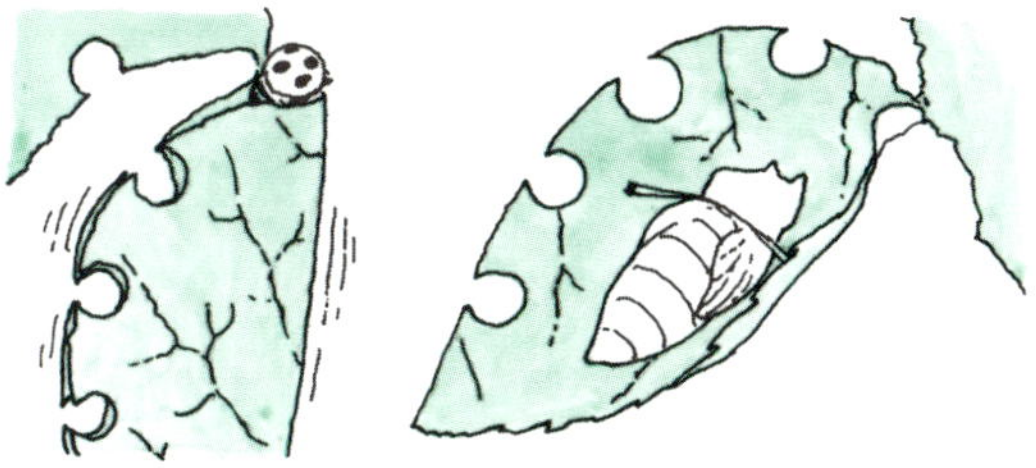

セセリチョウ科《か》の幼虫《ようちゅう》は，葉《は》を糸《いと》でつづって巣《す》をつくります。さなぎは巣《す》の中《なか》に糸《いと》でとめます。

⬆おどろいたとき，糸《いと》にぶらさがってにげる，シャチホコガの一種《しゅ》の幼虫《ようちゅう》。

糸《いと》は幼虫《ようちゅう》の移動《いどう》のときにもつかわれます。テントの巣《す》でくらす幼虫《ようちゅう》が、テントの外《そと》へ移動《いどう》するときは、前《まえ》をいく幼虫《ようちゅう》のはいた糸《いと》をたどって、あとの幼虫《ようちゅう》がつづきます。このように糸《いと》は道《みち》しるべの役目《やくめ》もしているのです。

オオムラサキは自分《じぶん》の休《やす》む葉《は》をきめて、そこに足場糸《あしばいと》をはり、えさはほかの葉《は》に食《た》べにいきます。そのときも、やはり糸《いと》をはきながら移動《いどう》します。

このほかにも糸《いと》は、幼虫《ようちゅう》の生活《せいかつ》にかかせません。

●飼育《しいく》の道具《どうぐ》と注意《ちゅうい》

えさは新《あたら》しいクワの葉《は》を，幼虫《ようちゅう》の上《うえ》にかぶせるようにおきます。

幼虫《ようちゅう》をうつすときは，葉《は》ごとあつかい，手《て》で直接《ちょくせつ》つかまないように。

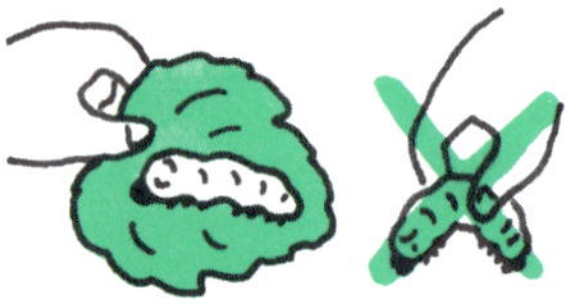

▼切《き》れ目《め》をいれた厚紙《あつかみ》

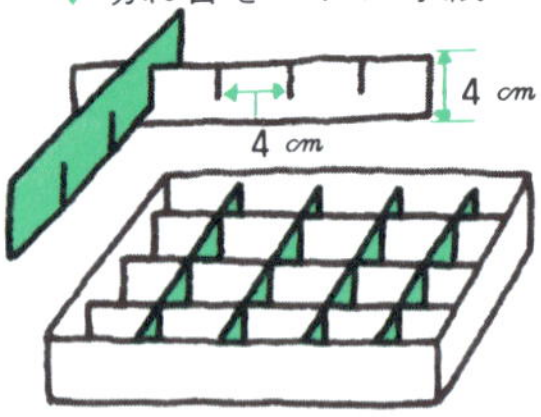
4 cm
4 cm

まぶしはボール紙《がみ》で図《ず》のようなものをつくります。新《しん》聞紙《ぶんし》でつつをつくって，幼《よう》虫《ちゅう》をいれる方法《ほうほう》もあります。

▲新聞紙《しんぶんし》をまいてとめる

▼ねじる

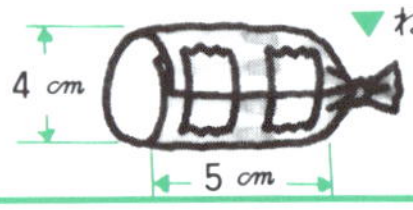
4 cm
5 cm

飼育箱《しいくばこ》はボール紙《がみ》の箱《はこ》を利用《りよう》します。1〜3令《れい》の幼虫《ようちゅう》は，ふたをしてかい，4〜5令《れい》の幼虫《ようちゅう》は，ふたのない箱《はこ》でかいます。

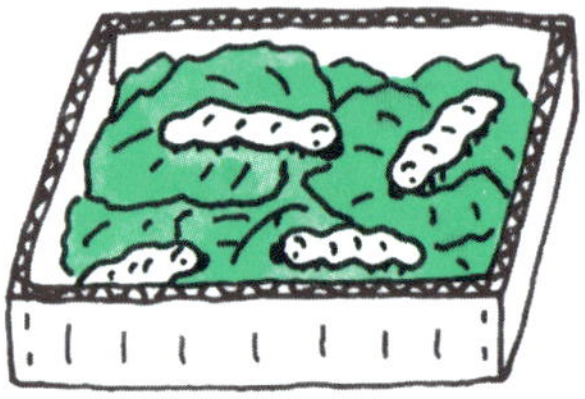

カイコはちゃんと世話《せわ》さえすれば、とてもかいやすい昆虫《こんちゅう》です。歩《ある》きまわったりにげたりしませんから、とくべつな飼育箱《しいくばこ》はいりません。

クワの葉《は》は一日《にち》に二〜三回《かい》、しおれすぎないうちにかえてやります。食《た》べのこしやふんは、幼虫《ようちゅう》が新《あたら》しい葉《は》にうつってからとりのぞきます。

一〜三令《れい》の幼虫《ようちゅう》は、葉《は》をきざんでやります。きざんだクワの葉《は》はしおれやすいので、この時期《じき》はふたのある容器《ようき》でかう方《ほう》がべんりです。

五令《れい》幼虫《ようちゅう》がえさを食《た》べなくなったら、まゆづくりがはじまります。まぶしにはなしてやりましょう。

羽化《うか》した成虫《せいちゅう》がうむたまごは、ふつうよく年《ねん》の春《はる》にかえります。一ぴきの成虫《せいちゅう》がうむたまごは、約《やく》五百個《ひゃっこ》。これが全部《ぜんぶ》かえって、四令《れい》、五令《れい》にまでそだつとたいへんです。広《ひろ》い場所《ばしょ》と、たくさんのクワの葉《は》が必要《ひつよう》になります。ふえすぎないように。大《おお》きくなって、えさ不足《ぶそく》で死《し》なすことがないように注意《ちゅうい》しましょう。

●たまごから糸《いと》まで

春《はる》，クワの葉《は》のそだつようすをみながら，休《きゅう》眠卵《みんらん》を冷蔵庫《れいぞうこ》からとりだして，ふ化《か》させます。

幼虫《ようちゅう》がうまれると，きざんだクワの葉《は》をふりかけます。幼虫《ようちゅう》がクワの葉《は》にうつると，クワの葉《は》ごと広《ひろ》い容器《ようき》にうつしかえます。

農家《のうか》では，２令《れい》（ときには３令《れい》）まで共同《きょうどう》で飼育《しいく》します。

３令《れい》になると農家《のうか》にくばられカイコだなでかわれます。大《おお》きくなるにつれて，広《ひろ》い場所《ばしょ》と大量《たいりょう》のクワの葉《は》が必要《ひつよう》です。

すっかり成長《せいちょう》した幼虫《ようちゅう》は，えだからはらいおとしてあつめます。あつめた幼虫《ようちゅう》は，まぶしにはなされ，ボール紙《がみ》でできたわくの中《なか》に，まゆをつくらせます。

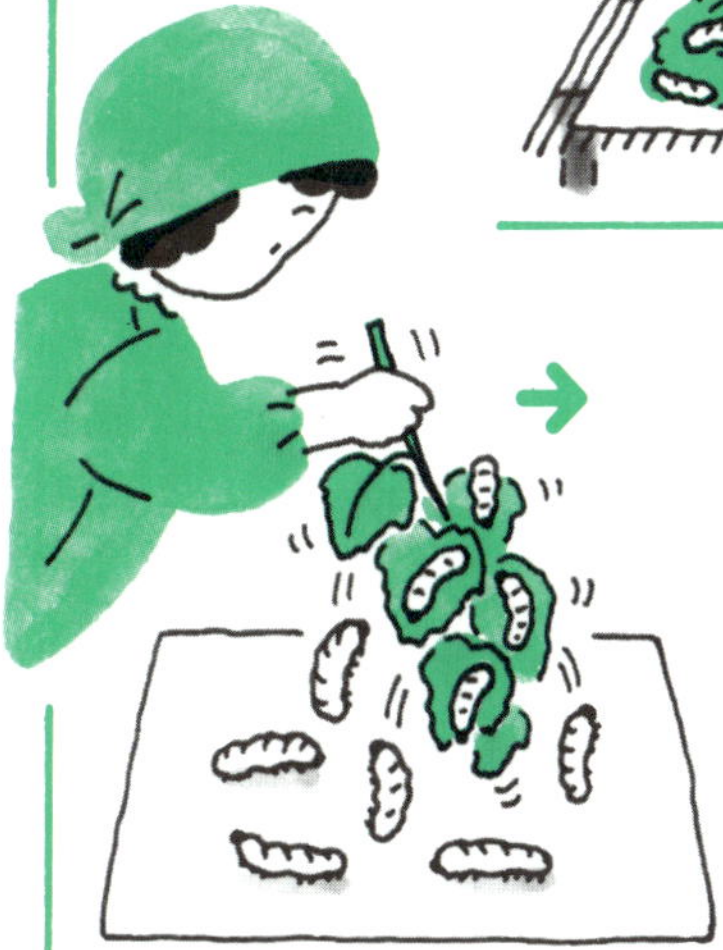

できたまゆは，熱気《ねっき》を通《とお》して中《なか》のさなぎをころします。よくかんそうさせて，倉庫《そうこ》の中《なか》に保管《ほかん》します。

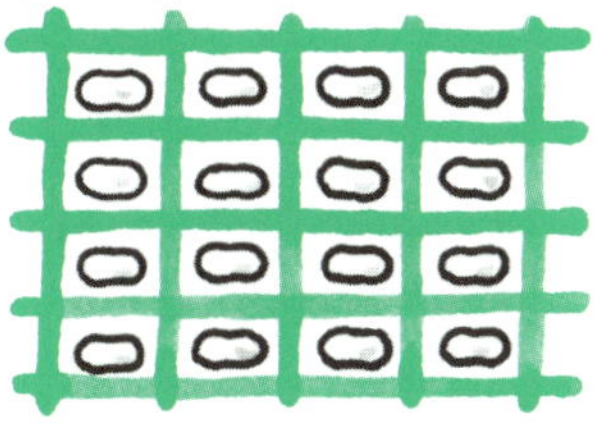

いまは機械《きかい》で糸《いと》をつむぎます。でも，まゆを湯《ゆ》につけて，ほどけた糸《いと》をつむぐ原理《げんり》は，いまもむかしもおなじです。

▲喜多川歌麿作《きたがわうたまろさく》「女織蚕手業草《じょしょくかいこてわざぐさ》」より

うまく糸《いと》がとりだせないまゆは，ほぐしひろげて真綿《まわた》にします。この真綿《まわた》をつむいで糸《いと》をとる方法《ほうほう》もあります。

糸《いと》をとると，死《し》んださなぎがのこります。さなぎは，養殖《ようしょく》の魚《さかな》や家畜《かちく》のえさにつかわれます。

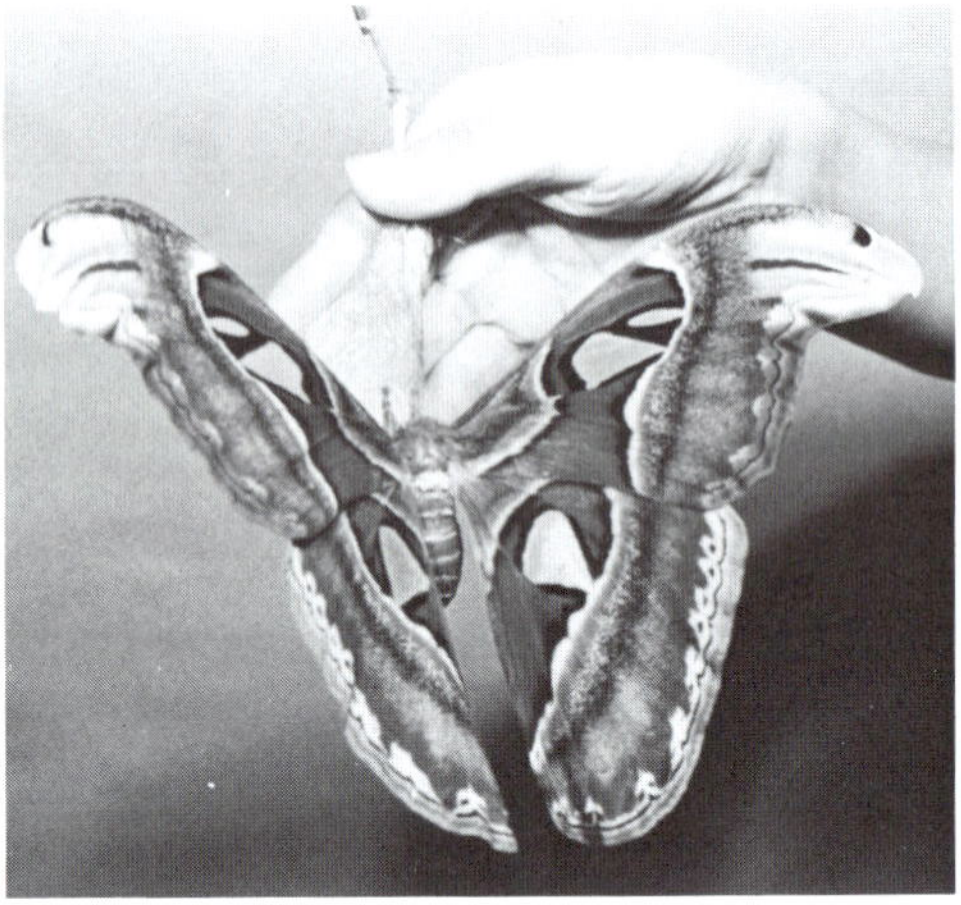

⬆ヨナクニサンとそのまゆ。ヤママユガのなかまで，世界最大《せかいさいだい》のガです。幼虫《ようちゅう》はアカギの葉《は》を食《た》べ，葉《は》をまいてその中《なか》でさなぎになります。

ガは、チョウとおなじ鱗翅目《りんしもく》の昆虫《こんちゅう》です。ガの羽《はね》のこな（りんぷん）は、皮《ひ》ふが変化《へんか》したもので、毒《どく》ではありません。さわるとかゆくなるのはドクガだけですが、その毒《どく》もりんぷんではなく、幼虫《ようちゅう》のときの毒毛《どくげ》です。一生《いっしょう》や生活《せいかつ》が、まだよくしらべられていないガもたくさんいます。ガをみなおしてみませんか。新《あたら》しい発見《はっけん》があるかもしれません。

けい光燈《こうとう》の光《ひかり》でガをあつめてみよう

どんな種類《しゅるい》のガがあつまるか，けい光燈《こうとう》を外《そと》にだしてしらべてみよう。外燈《がいとう》には，ガをまちぶせするヤモリやカエルもやってきます。さがしてみよう。

ガをつっついてみよう

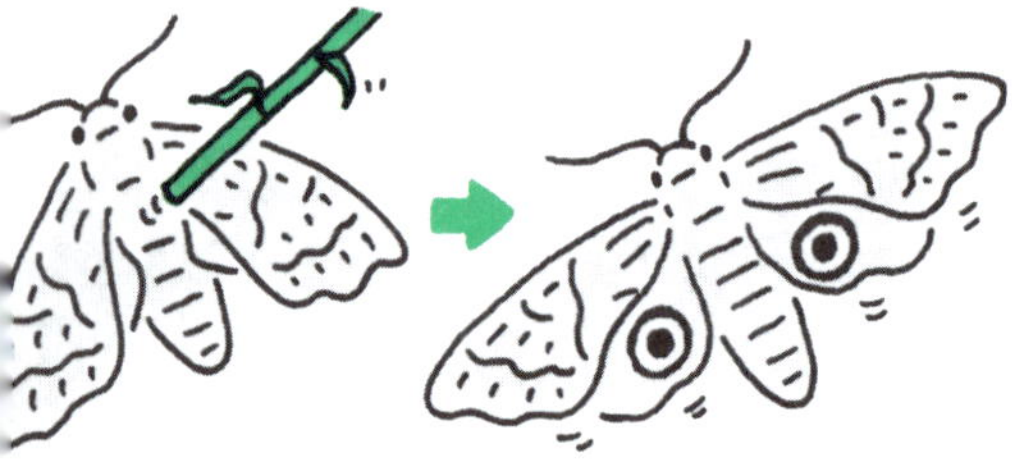

草《くさ》のくきでガをそっとつっついてみよう。ガのなかには，前羽《まえばね》をひろげて目玉《めだま》のようなもようをだす種類《しゅるい》があります。ガをついばみにくる小《こ》鳥《とり》を，このもようでおどかして身《み》をまもります。

コウモリの超音波《ちょうおんぱ》でためしてみよう

コップとコルクをこすって超音波《ちょうおんぱ》をだしてごらんなさい。ガのなかには，コウモリのだす超《ちょう》音波《おんぱ》とまちがえて地面《じめん》におりて，かくれるものもいます。

●カイコのまゆをほぐしてみよう

まゆは切《き》れ目《め》のない１本《ぽん》の糸《いと》でできています。まゆをお湯《ゆ》にいれて，ほぐれた糸《いと》をひきだしてごらんなさい。切《き》れ目《め》のない１本《ぽん》の糸《いと》が，８の字《じ》をかいてほぐれてきます。

●幼虫《ようちゅう》をつっついてみよう

チョウやガの幼虫《ようちゅう》を，草《くき》のくきでそっとつっついてみよう。目玉《めだま》のもようを大《おお》きくみせたり，頭《あたま》をふって敵《てき》をおどかしたりします。

▲アケビコノハ

▲シロシャチホコガ

●ガのまゆをあつめてみよう

冬《ふゆ》にイラガのまゆをあつめてみよう。でも，まゆからかならずしもガがでてくるとはかぎりません。幼虫《ようちゅう》を食《た》べてそだったヤドリバエや，ヤドリバチがでてくることがあります。

●どんなガになるか飼育《しいく》してみよう

幼虫《ようちゅう》をみつけたらどんなガやチョウになるかそだててみよう。えさは幼《よう》虫《ちゅう》がいた植物《しょくぶつ》です。土《つち》の中《なか》でさなぎになるかもしれません。容器《ようき》には，土《つち》もいれておきましょう。

●ドクケムシやドクガに注意《ちゅうい》しよう

▲ドクガの成虫《せいちゅう》

▲ドクガの幼虫《ようちゅう》

ガの幼虫《ようちゅう》には，毒《どく》毛《げ》をもつものがいます。図鑑《ずかん》でしらべて，ドクケムシには注意《ちゅうい》しよう。成虫《せいちゅう》には毒毛《どくげ》がありません。ただし幼虫《ようちゅう》のときの毒毛《どくげ》をつけたドクガだけは，注意《ちゅうい》が必要《ひつよう》です。

●テグス糸《いと》をつくってみよう

カイコガやクスサンの幼虫《ようちゅう》から，絹糸腺《けんしせん》をとりだして，10分《ぷん》ほどすにつけます。これをつまんでひっぱると，テグス糸《いと》ができます。

あとがき

カイコをかったことがありますか。最近《さいきん》は昆虫《こんちゅう》のそだち方《かた》をしらべるために、モンシロチョウやアゲハチョウのかわりに、カイコをかう学校《がっこう》がふえています。卵《たまご》・幼虫《ようちゅう》・さなぎ・成虫《せいちゅう》の順《じゅん》に成長《せいちょう》してくるということでは、カイコもモンシロチョウやアゲハチョウとおなじです。でも、野外《やがい》で自然《しぜん》に生《い》きている昆虫《こんちゅう》と、長《なが》いあいだ人間《にんげん》にかわれてきたカイコとでは、そのくらしぶりは根本的《こんぽんてき》にちがっています。

カイコは、えさがなくなっても、クワの葉《は》をさがしにもいきません。あたえられるまでじっとまっています。がは、あたりをとびまわることもできません。そんなすがたからは、生《い》きている野外《やがい》の昆虫《こんちゅう》のすがたを知《し》ることはできません。

カイコをかって知《し》ることができるのは、昆虫《こんちゅう》のくらしのほんの一部《いちぶ》です。カイコをかったら、こんどはほかの昆虫《こんちゅう》もかってみましょう。野外《やがい》にでて、どんなくらしをしているか観察《かんさつ》してみましょう。そこには、カイコだけでは知《し》ることのできない胸《むね》のときめくような昆虫《こんちゅう》たちの世界《せかい》があるのです。

この本《ほん》をつくるために、東京都蚕糸指導所《とうきょうとさんししどうしょ》の金子重孝先生《かねこしげたかせんせい》をはじめ、小田英智《おだひでとも》さん岡崎務《おかざきつとむ》さんなど、多《おお》くの方《かた》がたのご協力《きょうりょく》をいただきました。厚《あつ》くお礼《れい》申《もう》し上《あ》げます。

岸田《きしだ》　功《いさお》

（一九七七年六月）

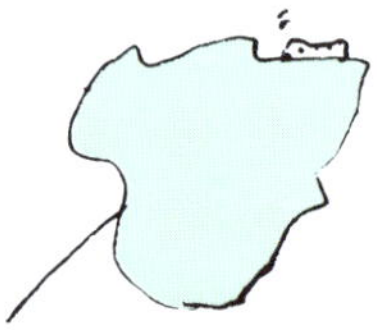

NDC486
岸田　功
科学のアルバム　虫 12
カイコ　まゆからまゆまで

あかね書房 2005
54P　23×19cm

科学のアルバム
カイコ　まゆからまゆまで

一九七七年 六 月初版
二〇〇五年 四 月新装版第 一 刷
二〇二四年一〇月新装版第一七刷

著者　岸田　功
発行者　岡本光晴
発行所　株式会社 あかね書房
〒一〇一―〇〇六五
東京都千代田区西神田三―二―一
電話〇三―三二六三―〇六四一（代表）
https://www.akaneshobo.co.jp
印刷所　株式会社 精興社
写植所　株式会社 田下フォト・タイプ
製本所　株式会社 難波製本

ISBN978-4-251-03355-0
定価は裏表紙に表示してあります。
落丁本・乱丁本はおとりかえいたします。

○表紙写真
・大きな触角《しょっかく》がめだつ
カイコガのおす
○裏表紙写真（上から）
・羽化《うか》したばかりのカイコガ
・けご（カイコの5令幼虫《れいようちゅう》）のたんじょう
・カイコの5令幼虫《れいようちゅう》
○扉写真
・まゆをおしあけるカイコガ
○もくじ写真
・ねむっている幼虫《ようちゅう》

科学のアルバム

全国学校図書館協議会選定図書・基本図書
サンケイ児童出版文化賞大賞受賞

虫

- モンシロチョウ
- アリの世界
- カブトムシ
- アカトンボの一生
- セミの一生
- アゲハチョウ
- ミツバチのふしぎ
- トノサマバッタ
- クモのひみつ
- カマキリのかんさつ
- 鳴く虫の世界
- カイコ まゆからまゆまで
- テントウムシ
- クワガタムシ
- ホタル 光のひみつ
- 高山チョウのくらし
- 昆虫のふしぎ 色と形のひみつ
- ギフチョウ
- 水生昆虫のひみつ

植物

- アサガオ たねからたねまで
- 食虫植物のひみつ
- ヒマワリのかんさつ
- イネの一生
- 高山植物の一年
- サクラの一年
- ヘチマのかんさつ
- サボテンのふしぎ
- キノコの世界
- たねのゆくえ
- コケの世界
- ジャガイモ
- 植物は動いている
- 水草のひみつ
- 紅葉のふしぎ
- ムギの一生
- ドングリ
- 花の色のふしぎ

動物・鳥

- カエルのたんじょう
- カニのくらし
- ツバメのくらし
- サンゴ礁の世界
- たまごのひみつ
- カタツムリ
- モリアオガエル
- フクロウ
- シカのくらし
- カラスのくらし
- ヘビとトカゲ
- キツツキの森
- 森のキタキツネ
- サケのたんじょう
- コウモリ
- ハヤブサの四季
- カメのくらし
- メダカのくらし
- ヤマネのくらし
- ヤドカリ

天文・地学

- 月をみよう
- 雲と天気
- 星の一生
- きょうりゅう
- 太陽のふしぎ
- 星座をさがそう
- 惑星をみよう
- しょうにゅうどう探検
- 雪の一生
- 火山は生きている
- 水 めぐる水のひみつ
- 塩 海からきた宝石
- 氷の世界
- 鉱物 地底からのたより
- 砂漠の世界
- 流れ星・隕石